The Old Fashioned Multiplication Book

The no-nonsense
book of
practice in
basic multiplication
(with answers)

Ward Lock Educational
47 Marylebone Lane
London W1M 6AX

Note to the reader

Pencil in your answers lightly so that you can rub them out and practise again. You can check your answers at the back of the book.

Other titles in this series:

The Old Fashioned Times Table Book
ISBN 0 7062 3749 8

The Old Fashioned Adding-Up Book
ISBN 0 7062 4086 3

The Old Fashioned Taking-Away Book
ISBN 0 7062 4148 7

The Old Fashioned Division Book
ISBN 0 7062 4122 3

The Old Fashioned Mental Arithmetic Book
ISBN 0 7062 4160 6

The Old Fashioned Handwriting Book
ISBN 0 7062 4139 8

The Old Fashioned Rules of Grammar Book
ISBN 0 7062 3850 8

The Old Fashioned Rules of Spelling Book
ISBN 0 7062 4085 5

© Ward Lock Educational Ltd

First published 1984
by Ward Lock Educational Ltd.
47 Marylebone Lane
London W1M 6AX

A Ling Kee Company

ISBN 0 7062 4121 5

All rights reserved. No part of this publication may be reproduced or transmitted in any form or by any means, electronic or mechanical (including photocopying, recording, or any information retrieval system) without the prior permission of the copyright owner.

Photosetting Ltd, Tunbridge Wells, Kent.
Chigwell Press Oakwood Hill Loughton Essex IG10 3TZ

**Multiply these numbers.
The first one is done for you.**

1. 3 × 4 = 12
2. 3 × 2 = 6
3. 2 × 6 = 12
4. 3 × 5 = 15
5. 2 × 8 = 16
6. 4 × 3 = 12
7. 3 × 9 = 27
8. 4 × 5 = 20
9. 3 × 7 = 21
10. 4 × 8 = 32
11. 4 × 10 = 40
12. 3 × 6 = 18
13. 2 × 10 = 20
14. 4 × 7 = 28
15. 2 × 9 = 18
16. 4 × 6 = 24
17. 3 × 8 = 24
18. 4 × 9 = 36

Multiply these numbers.
The first one is done for you.

1. $3 \times 4 = 12$

2. $2 \times 2 =$

3. $2 \times 0 =$

4. $3 \times 5 =$

5. $1 \times 8 =$

6. $4 \times 3 =$

7. $3 \times 6 =$

8. $4 \times 5 =$

9. $5 \times 7 =$

10. $4 \times 8 =$

11. $4 \times 10 =$

12. $3 \times 0 =$

13. $2 \times 10 =$

14. $4 \times 7 =$

15. $2 \times 0 =$

16. $3 \times 6 =$

17. $3 \times 8 =$

18. $4 \times 9 =$

**Multiply these numbers.
The first one is done for you.**

1. 5 × 7 = **35**

2. 5 × 4 =

3. 10 × 3 =

4. 6 × 4 =

5. 5 × 6 =

6. 6 × 10 =

7. 5 × 10 =

8. 10 × 7 =

9. 6 × 6 =

10. 5 × 8 =

11. 6 × 8 =

12. 10 × 8 =

13. 5 × 5 =

14. 6 × 7 =

15. 10 × 10 =

16. 5 × 9 =

17. 6 × 9 =

18. 6 × 5 =

$2 \times 4 = 8 \qquad 4 \times 2 = 8$

You can see that $2 \times 4 = 4 \times 2$

Write another multiplication for each of these. The first one is done for you.

1. $6 \times 4 =$ **4 × 6**

2. $3 \times 7 =$

3. $2 \times 9 =$

4. $4 \times 5 =$

5. $5 \times 6 =$

6. $10 \times 5 =$

7. $6 \times 9 =$

8. $4 \times 7 =$

9. $5 \times 7 =$

10. $6 \times 8 =$

11. $10 \times 9 =$

12. $3 \times 8 =$

13. $2 \times 10 =$

14. $4 \times 9 =$

15. $5 \times 8 =$

16. $6 \times 10 =$

**Multiply these numbers.
The first one is done for you.**

1. 7 × 6 = 42

2. 7 × 5 =

3. 8 × 3 =

4. 9 × 10 =

5. 8 × 5 =

6. 9 × 4 =

7. 7 × 8 =

8. 8 × 8 =

9. 9 × 9 =

10. 8 × 7 =

11. 9 × 6 =

12. 7 × 7 =

13. 9 × 8 =

14. 8 × 9 =

15. 7 × 4 =

16. 8 × 6 =

17. 7 × 9 =

18. 9 × 7 =

Multiply these numbers.
The first one is done for you.

1. $7 \times 6 = 42$

2. $5 \times 5 =$

3. $8 \times 3 =$

4. $9 \times 10 =$

5. $8 \times 3 =$

6. $9 \times 4 =$

7. $4 \times 8 =$

8. $8 \times 8 =$

9. $9 \times 9 =$

10. $8 \times 7 =$

11. $9 \times 6 =$

12. $7 \times 7 =$

13. $9 \times 8 =$

14. $8 \times 9 =$

15. $7 \times 4 =$

Multiply these numbers.
The first one is done for you.

17. $7 \times 9 =$

18. $9 \times 7 =$

You can also set out problems this way.

1.   6
  × 5
  ―――
   30

2.   8
  × 8
  ―――

3.   5
  × 7
  ―――

4.   7
  × 6
  ―――

5.   8
  × 5
  ―――

6.   10
  × 6
  ―――

7.   6
  × 8
  ―――

8.   5
  × 9
  ―――

9.   9
  × 6
  ―――

10.   8
  × 9
  ―――

11.   7
  × 7
  ―――

12.   6
  ×10
  ―――

13.   6
  × 9
  ―――

14.   9
  × 9
  ―――

15.   8
  × 7
  ―――

16.   7
  × 9
  ―――

Now you can multiply tens and units.
Multiply the units first, then the tens.

```
    T U                                    T U
    3 2     2 units × 3 = 6 units          3 2
  ×   3     3 tens  × 3 = 9 tens         ×   3
  -----                                   -----
                                            96
  -----
```

Now try these:

1. T U
    4 3
  ×   2

  -----

2. T U
    3 4
  ×   2

  -----

3. T U
    2 1
  ×   4

  -----

4. T U
    3 3
  ×   3

  -----

5. T U
    1 3
  ×   3

  -----

6. T U
    1 4
  ×   2

  -----

7. T U
    3 2
  ×   2

  -----

8. T U
    1 2
  ×   4

  -----

9. T U
    2 2
  ×   4

  -----

10. T U
    2 1
  ×   3

Now you can multiply tens and units.
Multiply the units first, then the tens.

```
  T U
  3 2      2 units × 3 = 6 units      3 2
×   3      3 tens × 3 = 9 tens      ×   3
  ———                                 ———
  9 6
```

Now try these:

```
1.  T U        2.  T U
    1 3            2 4
  ×   3          ×   2
    ———            ———
```

```
3.  T U        4.  T U
    2 1            3 3
  ×   4          ×   3
    ———            ———
```

```
5.  T U        6.  T U
    1 3            1 4
  ×   3          ×   2
    ———            ———
```

```
7.  T U        8.  T U
    3 2            1 2
  ×   2          ×   4
    ———            ———
```

```
9.  T U        10. T U
    2 2            2 1
  ×   4          ×   3
    ———            ———
```

**If multiplying the units gives you ten units or more, you must change 10 units to 1 ten.
Look at this problem.**

```
  2 6
×   3
─────
```

6 units × 3 = 18 units.
Change 18 units to 1 ten and 8 units.
Write down the 8 units and put a little 1 in the tens column to remind you.

```
  2 6
× ₁3
─────
    8
```

Now multiply the tens on the top line.
2 tens × 3 = 6 tens.
Now add the extra ten.
6 tens + 1 ten = 7 tens.

```
  2 6
× ₁3
─────
  7 8
```

Practise with these:

1. 24
  × 3
  ─────

2. 16
  × 3
  ─────

3. 18
  × 2
  ─────

4. 37
  × 2
  ─────

5. 23
  × 4
  ─────

6. 25
  × 3
  ─────

7. 13
  × 6
  ─────

8. 12
  × 5
  ─────

9. 12
  × 7
  ─────

10. 24
   × 4
   ─────

11. 39
   × 2
   ─────

12. 45
   × 2
   ─────

If multiplying the units gives you ten
units or more, you must change 10
units to 1 ten.
Look at this problem.

```
  26
×  3
────
```

6 units × 3 = 18 units.
Change 18 units to 1 ten and 8 units.
Write down the 8 units and
put a little 1 in the tens
column to remind you.

```
   ¹
  26
×  3
────
   8
```

Now multiply the tens on
the top line.
2 tens × 3 = 6 tens.
Now add the extra ten.
6 tens + 1 ten = 7 tens.

```
   ¹
  26
×  3
────
  78
```

Practise with these:

1. 24   2. 16
  × 3   × 3
  ───   ───

3. 18   4. 37
  × 2   × 2
  ───   ───

5. 23   6. 25
  × 4   × 3
  ───   ───

7. 13   8. 19
  × 6   × 5
  ───   ───

9. 12   10. 24
  × 7   × 4
  ───   ───

11. 39   12. 45
  × 2   × 2
  ───   ───

If there are 20 units or more, change 20 units to 2 tens like this:

$$\begin{array}{r} 1\,7 \\ \times\,_2 4 \\ \hline 6\,8 \end{array}$$

If there are 30 units, change 30 units to 3 tens like this:

$$\begin{array}{r} 1\,6 \\ \times\,_3 6 \\ \hline 9\,6 \end{array}$$

Now try these:

1. 27
    × 3
    ———

2. 19
    × 4
    ———

3. 15
    × 6
    ———

4. 14
    × 7
    ———

5. 29
    × 3
    ———

6. 16
    × 4
    ———

7. 17
    × 5
    ———

8. 28
    × 3
    ———

9. 16
    × 5
    ———

10. 18
    × 5
    ———

11. 13
    × 7
    ———

12. 19
    × 5
    ———

You can use the same method to multiply hundreds, tens and units.

Look at this problem.

```
      H T U
      2 3 6
  ×    ₁2
  ─────────
      4 7 2
```

Now practise with these.
Multiply the units first, then the tens, then the hundreds.

1.
```
    H T U
    1 2 4
  ×     4
  ───────
```

2.
```
    H T U
    2 1 3
  ×     4
  ───────
```

3.
```
    H T U
    3 2 3
  ×     3
  ───────
```

4.
```
    H T U
    1 4 9
  ×     2
  ───────
```

5.
```
    H T U
    1 1 3
  ×     6
  ───────
```

6.
```
    H T U
    2 0 4
  ×     4
  ───────
```

7.
```
    H T U
    1 0 2
  ×     9
  ───────
```

8.
```
    H T U
    1 1 3
  ×     5
  ───────
```

9.
```
    H T U
    1 1 2
  ×     8
  ───────
```

10.
```
    H T U
    3 2 6
  ×     3
  ───────
```

    -----   -----
```
```

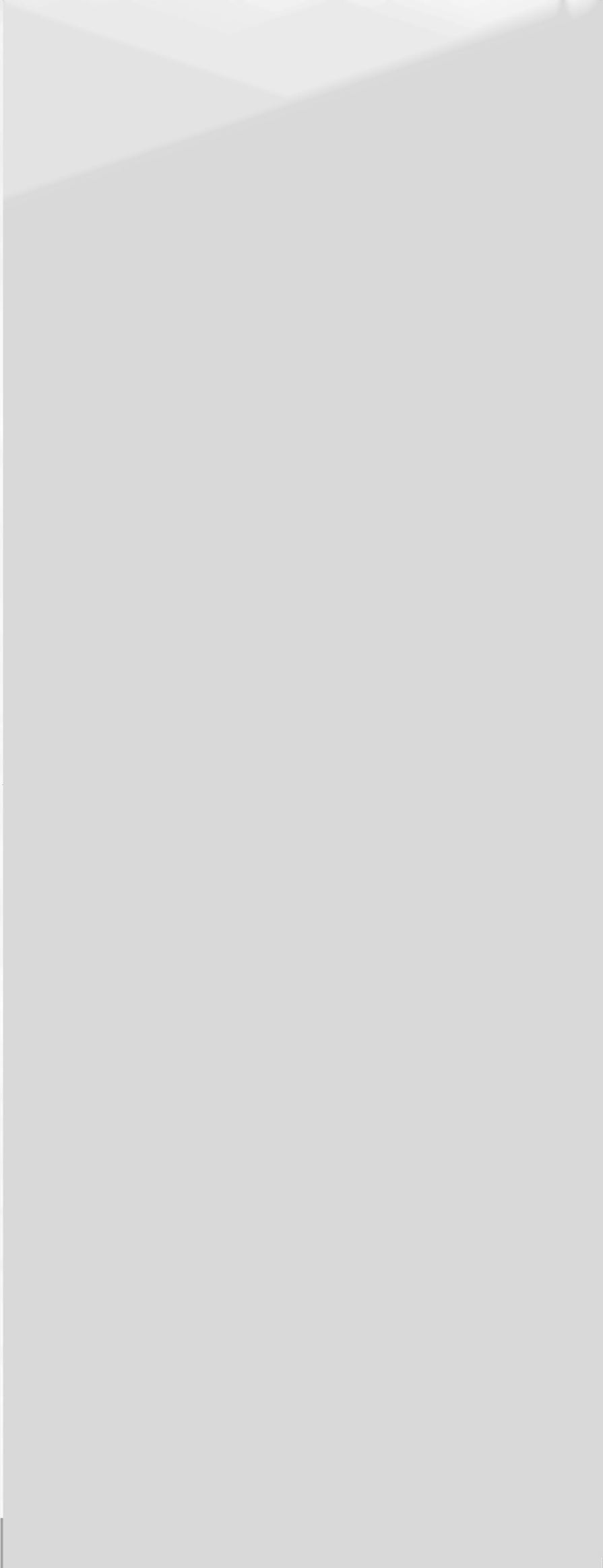

You can multiply by larger numbers.

Look at this problem.

```
    24
  × 14
  ────
    96
   240
  ────
   336
```

First multiply 24 by 4
then multiply 24 by 10

add together

Practise with these:

1. 34
   × 15
   ────

2. 36
   × 17
   ────

3. 28
   × 16
   ────

4. 63
   × 13
   ────

5. 42
   × 13
   ────

6. 45
   × 19
   ────

7. 55
   × 18
   ────

8. 38
   × 14
   ────

Answers

Page 1
1. 12   2. 6   3. 12   4. 15   5. 16   6. 12
7. 27   8. 20   9. 21   10. 32 11. 40 12. 18
13. 20 14. 28 15. 18 16. 24 17. 24 18. 36

Page 2
1. 35   2. 20   3. 30   4. 24   5. 30   6. 60
7. 50   8. 70   9. 36   10. 40 11. 48 12. 80
13. 25 14. 42 15. 100 16. 45 17. 54 18. 30

Page 3
1. 4×6 2. 7×3 3. 9×2
4. 5×4 5. 6×5 6. 5×10
7. 9×6 8. 7×4 9. 7×5
10. 8×6 11. 9×10 12. 8×3
13. 10×2 14. 9×4 15. 8×5
16. 10×6

Page 4
1. 42   2. 35   3. 24   4. 90   5. 40   6. 36
7. 56   8. 64   9. 81   10. 56 11. 54 12. 49
13. 72 14. 72 15. 28 16. 48 17. 63 18. 63

Page 5
1. 30   2. 64   3. 35   4. 42   5. 40   6. 60
7. 48   8. 45   9. 54   10. 72 11. 49 12. 60
13. 54 14. 81 15. 56 16. 63

Page 6
1. 86   2. 68   3. 84   4. 99   5. 39
6. 28   7. 64   8. 48   9. 88   10. 63

Page 7
1. 72   2. 48   3. 36   4. 74   5. 92   6. 75
7. 78   8. 60   9. 84   10. 96 11. 78 12. 90

Page 8
1. 81   2. 76   3. 90   4. 98   5. 87   6. 64
7. 85   8. 84   9. 80   10. 90 11. 91 12. 95

Page 9
1. 496 2. 852 3. 969 4. 298 5. 678
6. 816 7. 918 8. 565 9. 896 10. 978

Page 10
1. 744 2. 459 3. 705 4. 795 5. 432 6. 620
7. 955 8. 820 9. 747 10. 756 11. 835 12. 916

Page 11
1. 510 2. 612 3. 448 4. 819
5. 546 6. 855 7. 990 8. 532